行家宝鉴

Precious Appreciation

寿山石之 都成坑石

王一帆 著

海峡出版发行集团
THE STRAITS PUBLISHING & DISTRIBUTING GROUP

福建美术出版社
FUJIAN FINE ARTS PUBLISHING HOUSE

图书在版编目（CIP）数据

寿山石之都成坑石 / 王一帆著 . -- 福州 : 福建美术出版社 , 2015.6

（行家宝鉴）

ISBN 978-7-5393-3364-9

Ⅰ . ①寿… Ⅱ . ①王… Ⅲ . ①寿山石 – 鉴赏②寿山石 – 收藏

Ⅳ . ① TS933.21 ② G894

中国版本图书馆 CIP 数据核字 (2015) 第 144991 号

作　　者：王一帆

责任编辑：郑婧

寿山石之都成坑石

出版发行：海峡出版发行集团

　　　　　福建美术出版社

社　　址：福州市东水路 76 号 16 层

邮　　编：350001

网　　址：http://www.fjmscbs.com

服务热线：0591-87620820（发行部）　87533718（总编办）

经　　销：福建新华发行集团有限责任公司

印　　刷：福州万紫千红印刷有限公司

开　　本：787 毫米 ×1092 毫米　　1/16

印　　张：6

版　　次：2015 年 8 月第 1 版第 1 次印刷

书　　号：ISBN 978-7-5393-3364-9

定　　价：58.00 元

编者的话

这是一套有趣的丛书。翻开书，丰富的专业知识让您即刻爱上收藏；寥寥数语，让您顿悟收藏诀窍。那些收藏行业不能说的秘密，尽在于此。

我国自古以来便钟爱收藏，上至达官显贵，下至平民百姓，在衣食无忧之余，皆将收藏当作怡情养性之趣。娇艳欲滴的翡翠、精工细作的木雕、天生丽质的寿山石、晶莹奇巧的琥珀、神圣高洁的佛珠……这些藏品无一不包含着博大精深的文化，值得我们去了解、探寻和研究。

本丛书是一套为广大藏友精心策划与编辑的普及类收藏读物，除了各种收藏门类的基础知识，更有您所关心的市场状况、价值评估、藏品分类与鉴别以及买卖投资的实战经验等内容。

喜爱收藏的您也许还在为藏品的真伪忐忑不安，为藏品的价值暗自揣测；又或许您想要更多地了解收藏的历史渊源，探秘收藏的趣闻轶事，希望这套书能够给您满意的答案。

Precious　Appreciation

行家宝鉴

寿山石之都成坑石

目录

寿山石选购指南

寿山石的品种琳琅满目，大约有100多种，石之名称也丰富多彩，有的以产地命名，有的以坑洞命名，也有的按石质、色相命名。依传统习惯，一般将寿山石分为田坑、水坑、山坑三大类。

寿山石品类多，各时期产石亦有所不同，对于其品种之鉴别，须极有细心与耐心，而且要长期多观察与积累经验。广博其见闻，比较分析其肌理、石性等特质。比如，同样是白色透明石，含红色点的称"桃花冻"，而它又有水坑与山坑之别，其红点之色泽、粗细、疏密与石性之变化又各有不同，极其微妙。恰恰是这种微妙给人带来乐趣，让众多爱石者痴迷。

正因为寿山石品类多，变化大，所以石种品类的优劣悬殊也大，其价值也有天壤之别。因此对于品种及石质之辨别极为重要。

石 性	质 地	色 彩	奇 特	品 相
识别寿山石的优劣、价值，不外石性、质地、色泽、品相、奇特等方面。有人说，寿山石像红酒，也讲出产年份。一般来讲，老坑石石性稳定，即使不保养，它也不会有像新性石因水分蒸发而发干并出现格裂的现象，所以老性石的价格比新性石高。	细腻温嫩、通灵少格、纯净有光泽者为上。	以鲜艳夺目、华丽动人者为上，单色的以纯净为佳。	纹理天然多变，以奇异为妙。	石材厚度宜适中，切忌太厚，以少格裂为好。

当然，每个人在收集、购买寿山石时，都会带有自己的想法和选择：有的单纯是为了观赏，有的是为了保值增值而做的投资，有的甚至只为了满足猎奇的心理，或者兼而有之，各人都有自己的道理。但购买时要懂得一些寿山石的常识，不要人云亦云、跟风或者贪图小便宜。世上没有无缘无故的便宜货，天上不会掉下馅饼，卖家总是心知肚明，买家需要的则是眼力。如果什么都不懂就胡乱购买一通，那就可能如人说的"一买就受伤，当个冤大头"。

寿山石是不可再生资源，随着时间的推移，一定会越来越珍贵。所以每个爱石者若以自己个人的爱好和经济能力收藏寿山石，一定是件愉悦的事，既可以带来美的享受，又能有只升不跌的受益，何乐而不为呢！

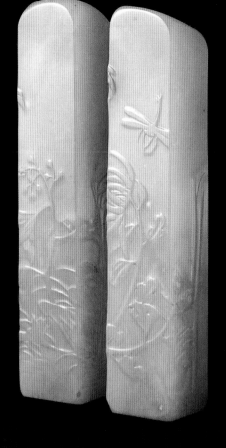

海棠 菊花薄意对章 · 林清卿 作
淡黄都成坑石

海棠　菊花薄意对章（拓片）

牛郎织女 · 郑仁蛟 作
结晶性都成坑石

渔歌入浦深 · 林清卿 作
掘性都成坑石

老子出关 · 林元康 作
掘性都成坑石

明式人物·逸凡 作
都成坑石

回娘家 · 郑世斌 作
都成坑石

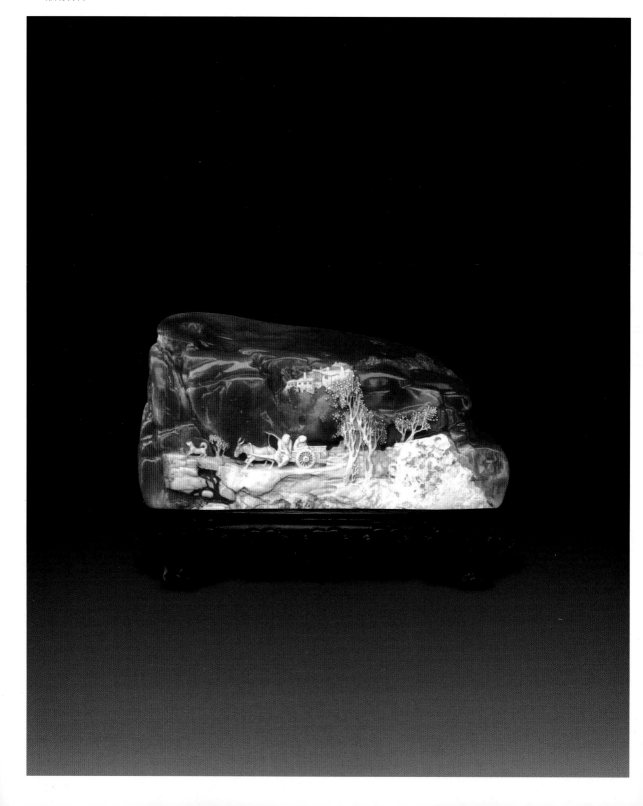

渔翁 · 叶子贤 作
花坑石

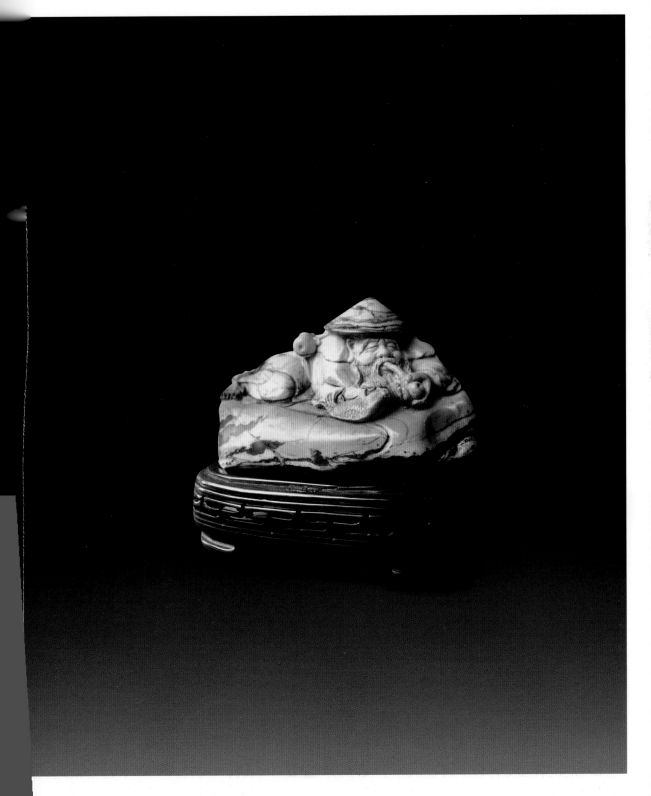

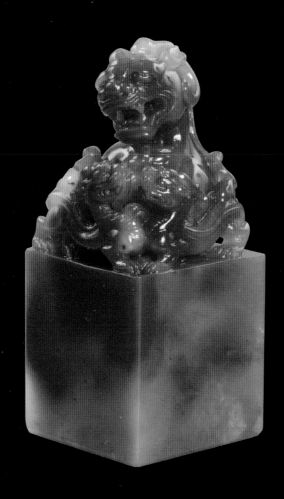

三螭钮章·郭功森 作
都成坑石

第一节

都成坑石概述

新性都成坑矿洞

都成坑山位于高山之东，南望加良山，北隔寿山溪，与善伯旗山、善伯山、月尾峰对峙。这个矿脉还出产马背石、鹿目格石、蛇匏石、尼姑楼石、迷翠寮石和花坑石。

都成坑石又名"杜灵坑""杜陵坑""都丞坑""渡林坑"等。在寿山村有个古老的传说，很久很久以前，有只代表祥瑞的麒麟神兽降临寿山，村民们雀跃欢欣。麒麟在寿山村飞了一圈后，向都成坑山上飞去，以后就不见了，所以都成坑又有"度麟坑"之名。

早年，喜爱寿山石的文人鉴赏家，为寿山石编写石谱，限于当时的交通状况，大都通过石农了解情况，听说都成坑山十分陡峭，悬满野藤，人们想象石农入山采药要攀藤而上，所以又给都成坑起了一个雅号叫"渡藤坑"。

都成坑石质地坚硬通灵，光彩夺目，质纯者可与田黄石媲美，而且石色表里如一，以永不变色著称，其脂润妩媚温柔，绝非他坑之石所能比拟，在上海、北京等地有"次田黄"之称，故古人将其推为山坑之首。都成坑山的围岩坚硬，矿层浅薄，难得大块材料，且开采不易，石中常有石英细砂掺杂，解石艰难，所以有谚语说："都成坑，砂成山，有水色，人人贪。""有水色"是福州方言，比喻石的质地如水那样莹润可爱。其实国人在评价玉石时，也常谓之"水色好"。

旧时，开采寿山石十分艰难，采石者找到地表山脉线后，再伐来大量柴木堆放在岩石上，点火焚烧而后泼水冷却，待岩石开裂再用钎木等撬离岩石层，掘洞取石。民国时，采用"乌硝"爆破法——先用钢钎在围岩上打"炮眼"，将少量硝倒在毛边线上，卷成香烟状装在破开的竹筒里装进炮眼，再装少量炸药引爆。那时有价值的原石开采利用率最高，可达90%以上。

都成坑脉有横线脉和绵纱线脉之分。横线脉主要在琪源洞口处，矿脉中还缀着红色，十分奇特。绵砂线脉是都成坑各矿脉中常见的类型，矿脉宛如一条绵砂细线，沿着此类型脉线的都成坑石多为红色、黄色，或五彩巧色。

书生意气·逸凡 作
都成坑石

第二节

都成坑石的分类

都成坑的主要矿洞有三个：琪源洞、坤银洞和元和洞。

琪源洞都成坑石素章

琪源洞都成坑石：

琪源洞一名锦元洞，原有旧洞，相传为石农张世元首先开凿，始产之石并无特色，后调转为陈朱森所有，不久矿脉中断，洞废。20世纪30年代，里洋石农黄琪源向陈朱森借洞开采，出了一批有史以来最美的都成坑极品石，名曰"琪源洞都成坑石"。

琪源洞自1948年后停产30余年，1980年夏，琪源之子黄光蛟，继承父业，清理旧洞，深凿开采，又出了一些都成坑佳石，但与先前所产相比还是逊色。

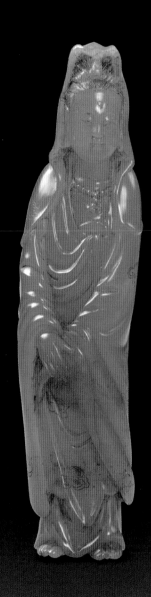

观音 · 逸凡 作
琪源洞都成坑石

"月痕"（又称水纹）纹路明显。

坤银洞都成坑石素章

坤银洞都成坑石：

坤银洞位于"琪源洞"上方，相传为明、清时遗弃的古矿洞。民国初，石农张坤银又进行开凿，挖出大量都成坑石，故名。洞长80余米，矿洞石脉绵延。所出产的都成坑石各种色泽都有，灰色石料质地微脆，其他色泽的石料质地稍坚。石中多呈条纹状，俗称"月痕"。纯洁度逊于"琪源洞"所产。2000年开发后，已与元和洞、琪源洞相通。

螭虎虎扁方章·逸凡 作
坤银洞都成坑石

元和洞都成坑石：

都成坑元和洞在"坤银洞"旁，民国初年，寿山石农陈元和小时曾闻都成坑山中遗有古人采石矿坑，于是苦苦寻找，历尽艰辛觅得矿脉，采石成洞，故名。洞高 1.7-3 米，宽 1.5 米左右，矿洞深约 130 米，洞中所产都成坑石，石质地微坚，各色相间，微透明，肌理时隐有白色浑点。

如今"琪源洞""坤银洞""元和洞"这三个矿洞都已相通，辟为旅游观光洞，矿洞时窄时宽，弯弯曲曲，或上或下，有很多支洞，犹如进入迷宫，洞壁大多是灰黑色的岩石，都成坑矿脉就夹在这种围岩中，通常在灰黑色的岩石与都成坑石之间还会夹着薄薄的灰色层。只要见到灰色层，就说明找到矿石了。坚硬的围岩要用炸药炸开，才能循"脉线"继续挖掘，如果矿脉大了，而且石质和色泽都好的话，那就发财了，所以围岩边与石相粘的灰色层，被称为"发财灰"，十分形象生动。

早年采石，别说没有钻机，连炸药都没有。那时的开采石农是在与天合作，有没有收获只能靠运气。洞内点着煤油灯或蜡烛，完全靠人工开采，矿洞都很狭小，每掘进一步都要付出艰辛的代价，遇到坚硬的岩石，先用火烧，再用水浇，用热胀冷缩的原理，使岩石爆裂，然后背着、拖着、爬着把石渣从弯曲而幽深的矿洞中运出，要退出多少沙土，那才叫艰苦啊。

对于都成坑石，石农习惯以矿洞取名，如琪源洞都成坑石、坤银洞都成坑石、元和洞都成坑石。

收藏家和艺人则按石之色泽取名：红都成坑石、黄都成坑石、白都成坑石、灰都成坑石等。又因其色泽和纹理有不同的特征而名之：枇杷黄都成坑石、丹砂都成坑石、葱白都成坑石等。多种色泽相间、色层分明而晶莹明丽者，称之"五彩都成坑石"。

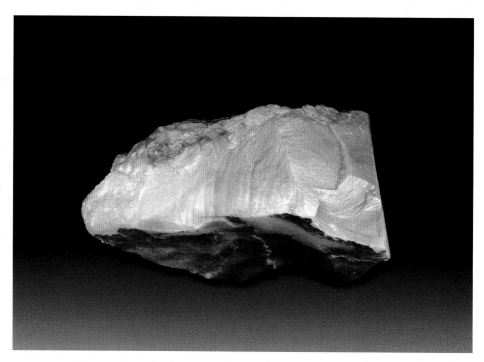

粘岩都成坑原石

粘岩都成坑石：

亦是洞产品种，因矿脉是在坚硬的围岩之中，与岩石紧贴在一起，故称"粘岩都成坑石"。其石脉厚度仅二三公分，石材多薄层状，比较适合浮雕，系偶然出现，故产量少，材也小，石质特晶莹，富有光泽，粘岩那面局部有少许网状丝纹，肌理常有并列的弯曲条纹，如水波荡漾，并常有灰色的石皮或色斑，称之"都成屎"。石色比琪源洞石暗，有如坑头田，但内心不黑。石的粘岩一面与琪源洞石相似，质与黄水晶冻石在伯仲之间，色且有过之。

济公 · 刘丹明（石丹）作
粘岩都成坑石

稻香千里 · 林霖 作
都成坑石

　　粘岩都成坑石因夹生于坚硬的围岩之中，所以开采出来多为片状，质地晶莹、有光泽，特别适于创作浮雕作品。

竹 · 逸凡 作
掘性都成坑石

掘性都成坑石：

都成坑石有洞产与掘性两种。洞产比较好理解，掘性都成坑石是指：有一些早年就剥离母矿，零星埋藏于矿洞附近砂土中由掘取而得者。质地多不如矿洞出产的石材那样通灵，掘性都成坑石多呈黄色，并时有石皮，内心渐淡，最内心有时呈灰色，肌理有网状或弯曲的条纹，质细洁，光泽好，不透明，佳者微透明。

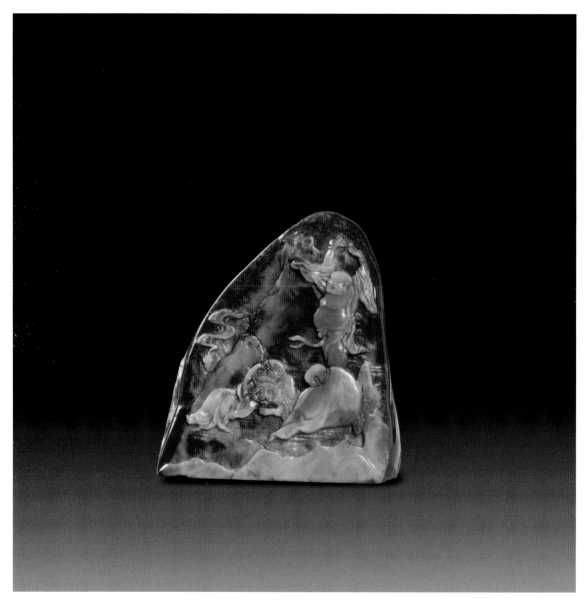

三罗汉浅浮雕·石卿 作
掘性都成坑石

游赤壁薄意·逸凡 作
掘性都成坑石

　　黄色掘性都成坑石有桂花黄、枇杷黄、橘皮黄等。有时亦出现丝纹或红筋，易与田黄石相混，但其石性偏坚，温润度不如田黄石。

弥勒·林元康 作
掘性都成坑石
此石的黄色部分为石皮。

掘性都成坑石一般灵度不佳，其石皮和鹿目石的一样，是附着的。其内部常常是红色的，但一般不纯，有杂色相间。

刘金伟 作

掘性都成坑石

此石与左图的掘性都成坑石不同，其黄色部分是
色层而不是石皮，这在掘性都成坑石中较为少见。

迎福纳祥图 · 刘丹明（石丹）作
掘性都成坑石

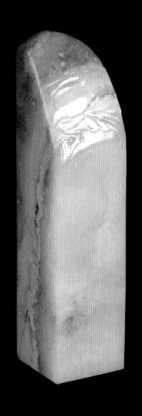

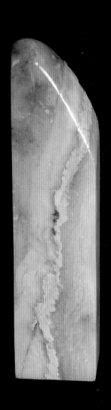

灰白都成坑石素章

都成坑石的标志性"水流纹"

都成坑石按颜色不同可分为：

白都成坑石：

纯色少见，多白中泛黄、泛灰、泛青、泛浅蓝，或色似葱下段之白，常混杂有不透明色块，白中微现青，石质灵而晶莹洁净者甚为稀罕。

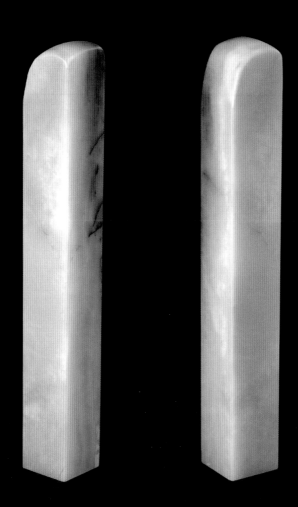

白都成坑石素章
石之侧面可见都成坑石特征性的水流纹。

云螭 · 逸凡 作
葱白都成坑石

葱白都成坑石：

即白色部分像葱头之白的都成坑石。

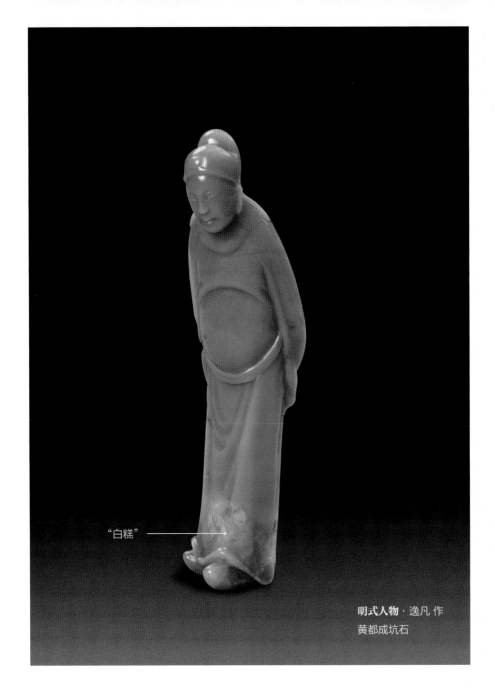

"白糕"

明式人物 · 逸凡 作
黄都成坑石

黄都成坑石：

有黄金黄、桂花黄、枇杷黄、洋参黄之分，多间有红点或白点，以色纯质净
无砂者之黄金黄最难得，其石质及光泽堪比肩田黄石。

戏狮罗汉·王祖光 作
红都成坑石

红都成坑石：

即红色的都成坑石。其红色多杂白圆点、色块及砂粒，质纯净者被奉为上品。以红色深浅浓淡分有橘皮红、桃花红、玛瑙红、朱砂红。以橘皮红最为珍贵，其中有似水坑冻石状，白地现红霞者，若红霞飞于清空，鲜艳无比，唯略带水痕及筋络，为琪源洞所产。另有色如红蜡烛而纯净无砂者，亦极为难得。

朱砂冻都成坑石：

通透的质地中散布朱砂色点，或密或疏，类似水坑桃花冻者，称为朱砂冻都成坑石。

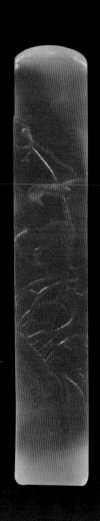

林清卿 作
红都成坑石

达摩·逸凡 作
红黄都成坑石

灰都成坑石：

色呈淡灰色又微带墨味，系 20 世纪六七十年代所产，因色不醒目，未被重视。

五牛戏水·逸凡 作
黑灰都成坑石

牛转乾坤 · 逸凡 作
黑灰都成坑石

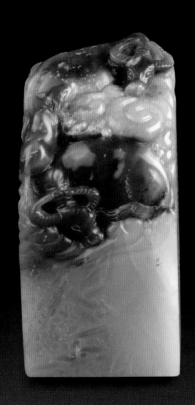

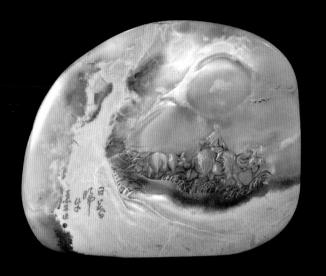

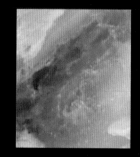

局部由白色向葱绿色过渡

日暮归牛·叶子 作
葱绿都成坑石

葱绿都成坑石：

色像葱绿，绿中有透明晶状粒，略带红晕，性甚凝腻而通
灵。此石为都成坑石中较为罕见之品种，今见之甚少。

五彩都成坑石原石

五彩都成坑石：

都成坑石中，有红、黄、白、青、紫各色交错者，称为五彩都成坑石，又称花都成坑石。石性坚实，以色泽艳丽、纹理色彩交错自然、质地通灵者为上。

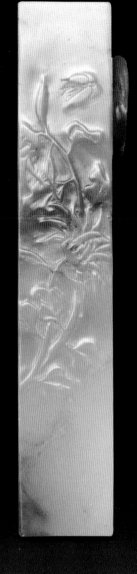

菊花薄意方章 · 林清卿 作
五彩都成坑石

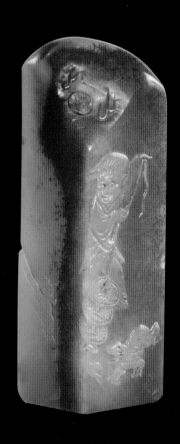

刘海戏蟾薄意章·冯旗 作

巧色都成坑石

巧色都成坑石：

都成坑石中，两色或多色者称作巧色都成坑石。

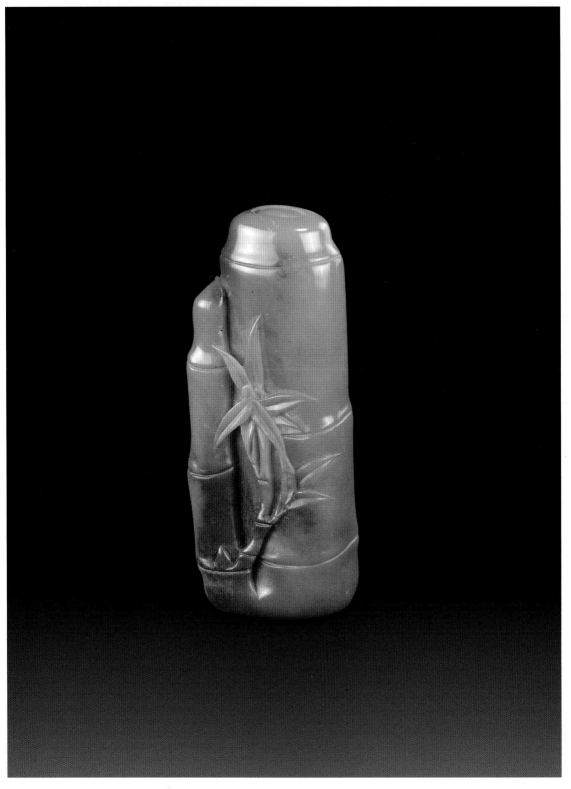

竹节

红黄巧色都成坑石

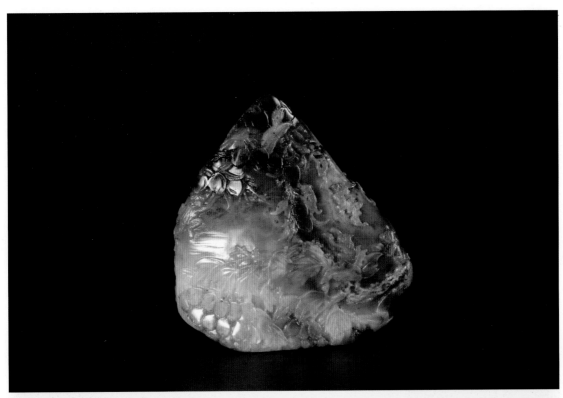

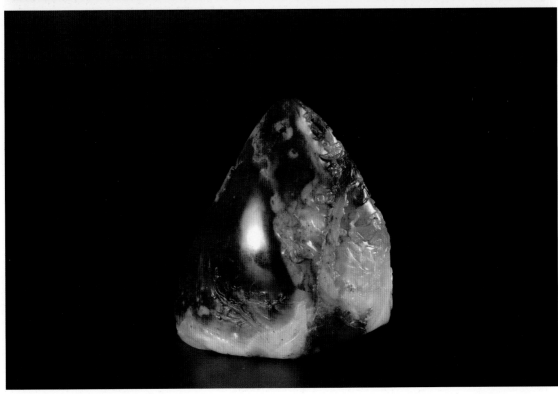

福禄寿·林荣杰 作
巧色都成坑石

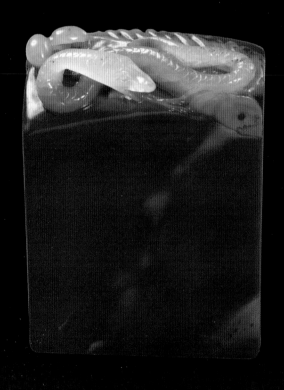

蛇 · 逸凡 作
巧色都成坑石

寓教于乐 · 林霖 作
巧色都成坑石

龙龟钮方章 · 冯旗 作

巧色都成坑石

结晶性都成坑原石

结晶性都成坑石：

即带有结晶性的都成坑石。

花鸟薄意章 · 佚名 作
结晶性都成坑石

雪梅 · 刘德森 作
结晶性都成坑石

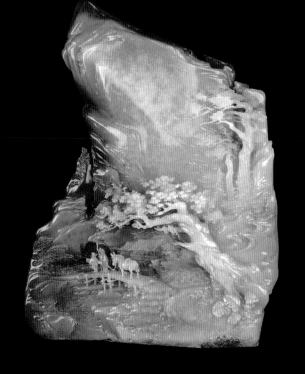

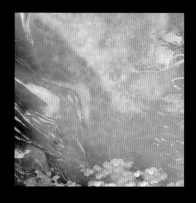

居此不羡仙 · 黄功耕 作

结晶性都成坑石

明显的丝纹

螭虎穿环
结晶性都成坑石

指日高升

结晶性都成坑石

雅聚
结晶性都成坑石

第三节

都成坑石的特征与鉴别

都成坑石与其他石种的区别，除了石性的坚实、两石相碰发声铿锵之外，石肌理弯曲的水纹线、石表的灰色石层，以及石中不时隐有坚硬的白色砂石——"都成屎"，都是都成坑石的特征。

历代文人都十分推崇都成坑石，清光绪年间，著名文人郑杰在他著的《闽中录》中形容都成坑石"都灵坑，五色斑斓，温纯温润"。书画家陈子奋在《寿山印石小志》中对都成坑石评价亦很高："半透明而有异光，闪烁夺目。""其质温润幽雅，皆美妙可爱。""外有青黑色石皮，石工留其多寡，刻以薄意之花卉、山水，妙巧天成，田石几不能专美矣。"

"棺材灰"，又称"发财灰"

悟 · 叶子 作
都成坑石

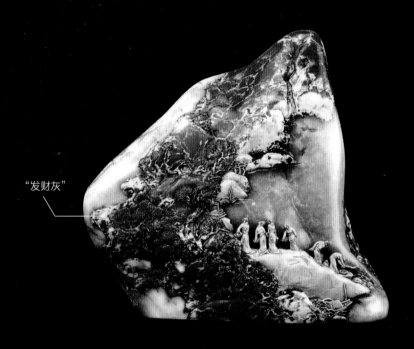

"发财灰"

山居秋暝·叶子 作
都成坑石

特征一："发财灰"

即石表的灰色石层，因色像旧时棺材未上漆前上的一层瓦灰，所以俗称"棺材灰"，现在称其"发财灰"。

特征二：流水纹

多数都成坑石局部有少许网状丝纹，肌理常有并列的弯曲条纹，就像流水线，故俗称"流水纹"，这是都成坑石最突出的特征之一。

流水纹明显的都成坑石

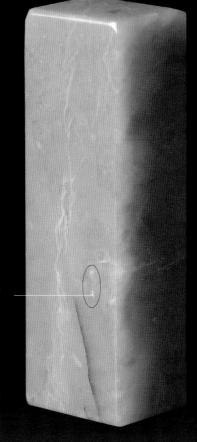

"夹生饭点" ——

特征三："夹生饭点"

都成坑石中带有的白点，犹如夹生饭的米粒上未熟透的那些白点，故民间将其称作"夹生饭点"。这些白点硬度不高，可以奏刀。

琪源洞都成坑石素章

"发财灰"

"都成屎"

都成坑原石

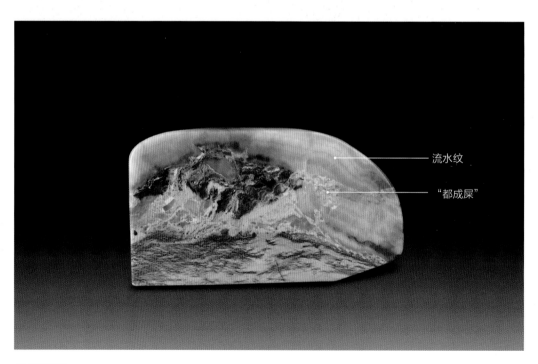

流水纹

"都成屎"

都成坑原石

特征四："都成屎"

都成坑石中不时隐有糕状坚硬的白色晶性砂石，硬度很高，俗称"都成屎"。

都成坑原石

"盐砂"

特征五："盐砂"

都成坑石中不时出现白色坚硬砂粒，因状似粗盐，故俗称"盐砂"。这些砂粒质地很硬，无法奏刀，只有用砂轮机才能雕刻，磨光后仍会突出，让表面不平整。

古兽章
结晶性都成坑石

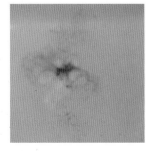

章体底部的"盐砂"

指日高升·庄严 作
粘岩都成坑石

特征六：粘岩

粘岩都成坑石与岩石紧贴在一起，石脉薄，但质地佳，富有光泽。因所粘的岩石部分十分坚硬，无法奏刀，所以它在旧时是"鸡肋"——用旧时的技术开采的话，开出来的石头都会碎成小块，没有价值。20世纪90年代后，开采的工具先进了，采用金刚排钻从岩石部分切入，将粘岩与可雕刻的石材一起切下后再进行加工，一般作为高浮雕材料。

作品背面的粘岩

枕石听涛 · 林大榕 作
老挝石

老挝石与都成坑石：

老挝石也常常带有类似都成坑石的"流水纹"，但其石质不如都成坑石坚硬。常常一石中有的部分质地像善伯石，有的部分像高山石。鉴别外省石的方法之一就是视其是否兼有多种寿山石的特征。

龙马负图 · 逸凡 作

昌化石

昌化石与都成坑石：

　　色、质相似的昌化石与都成坑石相比，前者石质韧，后者密度高而石质坚，故更显细腻。前者色偏灰，如煮熟之藕粉，而后者色泽清朗。

笑佛章 · 郑幼林 作
江西石

江西石与都成坑石：

　　江西石产于江西，乍看有点像都成坑石或四股四高山石，然其润度
与灵性皆不如寿山石。

第四节

都成坑石的保养

严子陵·逸凡 作
都成坑石

　　都成坑石质坚性洁，晶莹明亮，光泽度好，作品完工时艺人一般会采用上蜡保护，故收藏者不必上油上蜡。都成坑石的小品、印章适宜经常把玩摩挲，这是最好的保养方法。

举杯邀明月 · 郭功森 作
巧色都成坑石

第五节

都成坑石轶事

轶事一：珠沉坑传说

　　相传很早以前，寿山是座无名之山，山下住着樵夫陈长寿，他善棋且艺很高。一日，他上山伐薪时见两位仙人在下棋，遂忘了砍柴之事在旁看得入迷，仙人让陈长寿与之对弈，结果长寿赢了。仙人感叹人间有高人，即以一串玉珠相赠，并说"今后你有好日子过了"。

　　陈长寿拿着玉珠下山去，心里琢磨着今后怎会有好日子过，不留神滑了一跤，玉珠串丢到地下了，线断散落开了，长寿赶忙去捡，奇怪的是这些玉珠都变成了五颜六色的石头，捡了又生，长寿拾了一袋五彩宝石，在福州卖了好多钱，自此长寿常去山里捡宝石卖，日子果然一天比一天好起来了。村里有个无赖，见长寿发财眼红，暗中跟踪发现了宝石的秘密，就想偷偷去捡彩石发财，当他伸手去捡时，宝石却都沉到地下去了。后来，只有勤劳而智慧的人，才能挖到宝石。

　　因为陈长寿卖石出了名，人们就将这座山取名为"寿山"，所出产的石头称为"寿山石"，又缘于这种石原先是珠子，沉入地下变成五彩宝石，所以就有了"珠沉坑"之名，也就是现在说的"都成坑"。

轶事二：和谐洞

和谐洞旧称"争石洞"。民国初，寿山石农在都成坑山体内寻脉采石曾出现过三条矿脉交汇的情况，因矿坑相通，开矿石农互不相让，三方抢挖石发生了纠纷，终无奈被迫停开。2000年，曾为对头的石农后辈成为共同开发景区的朋友。所以大家商定改"争石洞"为"和谐洞"，遂传为佳话。

轶事三：香港地

改革开放之初，石农们正苦于"黄金地"的都成坑矿石将开采殆尽，又幸运地在旧矿穴旁的山体发现新的矿脉，并挖掘到大量佳石。欣喜的石农把这新矿称为"香港地"，意即发财之地。

轶事四：琪源洞官司

都成坑的山腰悬岩下，有一个古老的矿洞，相传是清朝石农张世元开凿的。百多年来矿洞几易其主，到了20世纪30年代，洞归陈朱森所有，不久矿脉中断，陈朱森也转去务农，但他并没有放弃开采矿洞的意愿，而是按照寿山自古不成文之乡规民约——谁开发的矿洞就归谁所得。只要矿洞口有放着畚箕锄头类的东西，就说明其矿有主，他人不得任意占有、挖掘采石。

一年夏天，石农黄琪源路经都成坑，遇上一场突至的雷阵雨，慌忙间钻进长满野草的古洞躲藏，洞外雷鸣电闪，大雨倾盆，洞内一片漆黑。突然，一道耀眼的闪电的光从洞口射入，将洞壁照得通亮，琪源意外地见到岩壁有金光灿烂的异彩，数十年开采石矿的经验告诉他，这是上乘冻石矿苗的好兆头，一阵欣喜，暗自计划着准备开矿。

不久雨停了，琪源迫不及待地跳出矿洞，看到洞口摆放着畚箕等工具，顿时心凉了半截，但是这到手的机会岂容错过！经三思，终于想出一个两全其美的良策。当晚他携上二瓶老酒、一些下酒菜，上门拜访陈朱森，三杯热酒下肚，话匣打开，转弯抹角，提出借洞采石，双方分

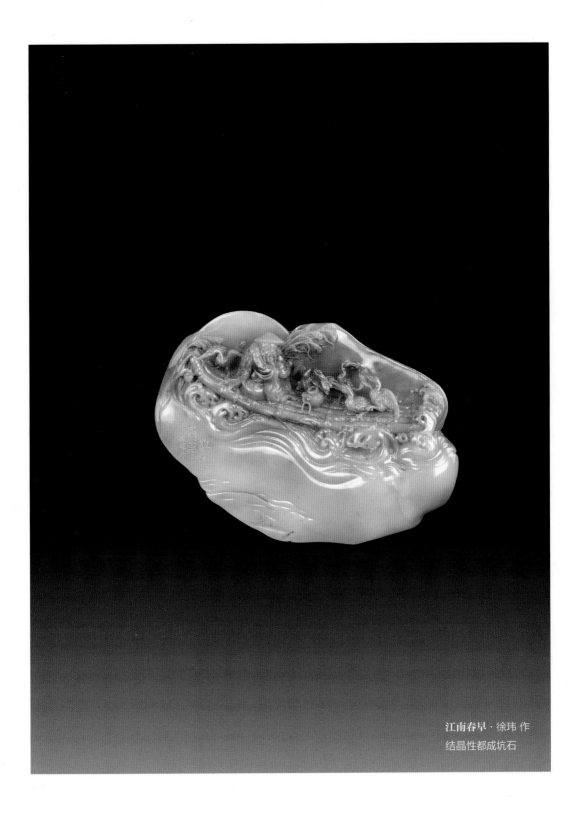

江南春早·徐玮 作
结晶性都成坑石

利的要求。陈朱森暗思，黄琪源是发疯了吧，废洞早已断了矿脉，把工夫花在里面真是瞎子点灯——白费蜡啊！反正自己不出力，还可以坐分红利，何不顺水推舟做个人情，就这样算是立下了"君子协议"。

第二天，黄琪源举家上山开始夜以继日开矿不停。功夫不负有心人，终于采到了一批百年未见的山坑冻石，运至省城，古董商、藏石家纷纷高价认购。从此黄琪源一跃成了寿山村首富，不但置办了数十亩山田，还大兴土木准备建造楼房。陈朱森虽暗地后悔酒后失言，自认倒霉，但从中也分到些微红利，也就无话可说。

俗话道：财多招祸。黄家有个族亲黄琪稽，是个游手好闲之辈，琪源发财使他眼红，便有意挑拨陈朱森到省城打官司，告黄琪源霸占矿洞，强夺矿材，从而自己两面插手，从中渔利。

这场无头官司一连打了八年之久，直到黄琪源财空人亡，才不了了之。官司早已是历史陈案，而"琪源洞都成坑"却成了稀世珍宝，永留芳名在人间。

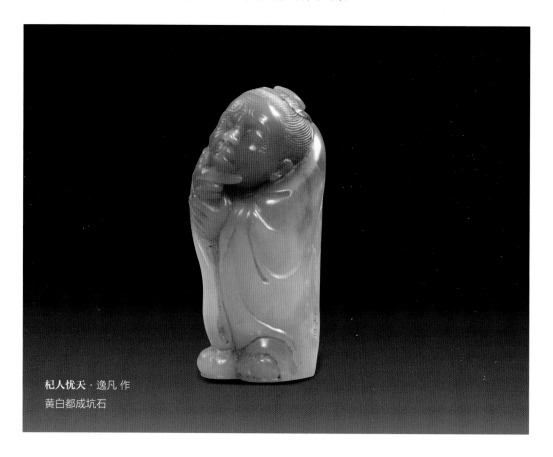

杞人忧天·逸凡 作
黄白都成坑石

第六节

出产于都成山的其他石种

鹿目格石：

产于都成坑山北侧山麓中，有矿洞产和掘性之分，以掘性为贵。洞产鹿目格石多黄红相间，亦有石皮，质地不通透且多色相间，肌理有黑点和黄点相杂其间，块头较大，石中时有"臭洞"。鹿目格石，另有一品种，红色含鸽眼状细点，古称"鸽眼砂"，别具情趣。清·毛奇龄在《后观石录》中记："通体荔枝红色，而谛视其中，如白水滤丹砂，水砂分明，粼粼可爱，一云'鹁鸽眼'，白中有丹砂，铢铢粒粒，透白而出，故名'鸽眼砂'。旧录亦以此为神品。"此皮与田黄石皮相比，显得松、散、软，因是土壤附着粘上而形成的，不像田黄石皮是溪水分解土壤中的物质成分，经物理反应形成的，受刀较硬。

鹿目格原石

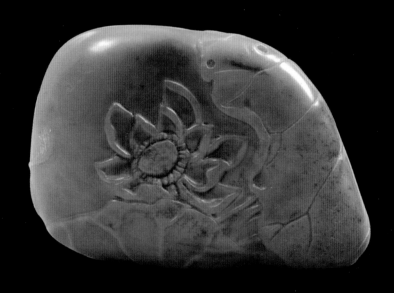

小荷才露尖尖角
鹿目独石

掘性鹿目独石因长期埋藏在砂土中，不时受雨水的浸润，质地多细嫩，棱角较多，不呈卵形，微透明，多为黄色，一般还裹有色皮，肌理多有红色透出，但无萝卜丝纹，质佳者美称"鹿目田石"，唯黄中多泛块状红晕，质逊于田黄石。

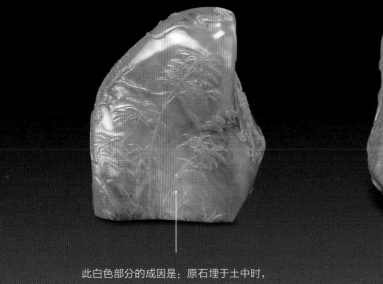
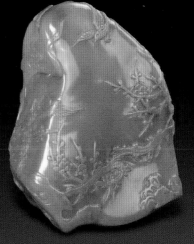

此白色部分的成因是：原石埋于土中时，
这一白色部分靠着岩石，未被土壤包裹，
因此没有与土壤充分作用而使颜色泛白。

双清 · 林荣基 作
鹿目田石

灵猴献寿 · 林荣杰 作
蛇匏石

蛇匏石：

产于都成坑南面，这里山丘盘结如瓜匏，又相传古时此地有很多蛇出没，因而取名"蛇匏石"。亦有洞产和掘性两种。矿产蛇匏石性稍坚，酷似善伯洞石，因产量少所以一般人不辨，多把它识为善伯洞石。掘性蛇匏石与都成坑石相比，质地细而较软、微透明，肌理多有色点、色块及金砂地，质细腻。蛇匏石产量不多，色以黄白相间居多，亦有白、黑色者。有黄皮与田黄皮相似，但色纯黄且无裂格者罕，目前比较少见。

猫与鱼 · 逸凡 作
尼姑楼石

尼姑楼石：

又名"来沽寮石"，产于都成坑山西北侧的半山腰，与马背石矿洞相近。尼姑楼石质地坚脆，通灵度逊于都成坑石，有红、黄、白、黑、灰等色，其红色石如玛瑙般艳丽，黄赭色深沉，酷似鹿目格石。而黑、白之色多相互混淆，色界不明显，肌理往往有细小的白色点。尼姑楼石产量不多，认识者亦少，所以是寿山石中的稀有石种。近年有产一些，多为红、黄或各色相间，并夹有白色之线状纹，颇似玛瑙。

古兽章
尼姑楼石

掘性马背石素章

马背石：

又称"玛佩石"，产于都成坑山西面的山上，由于相连的两个山峰状如带鞍的马背而得名。
马背石的质地比较坚实，半透明，石性稳定，接近都成坑石，通灵度稍逊，但石材较都成坑石
来得大，色泽以红居多，有黄、白、黑等色。

马背石素章

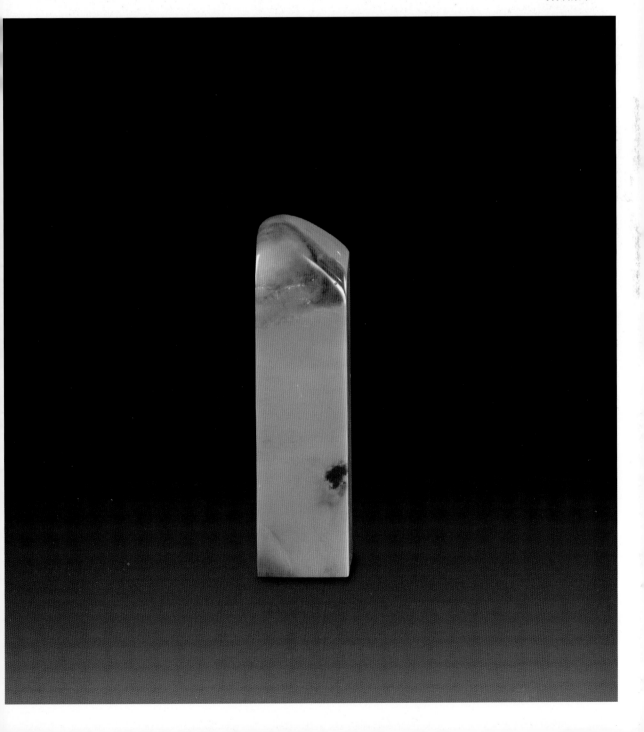

迷翠寮原石

迷翠寮石：

又名"美醉寮石"，产于都成坑山顶。相传古代有高士在山顶筑寮而居，额书"迷翠寮"，故而得名。迷翠寮石性近似都成坑石，质地细腻，微透明，肌理常有闪金点，肉眼可见，映于阳光之下，即闪闪发光，因而可爱之。常为黄、红、白三色相间，纯黄者较少，纯红者更少。石比都成坑石温润过之，而通灵不及。产量较都成坑石少，也难见材大者，多被误认为是都成坑石，即使是行家有时也会辨认不清，故其名被都成坑石掩盖了。都成坑、尼姑楼、蛇匏、迷翠寮这四种石产地相近，古时石农合称为"四姐妹石"。因都成坑石产量多，石质、石性都佳于其他三种，故都成坑石名气最大。闻其名者亦多，以致尼姑楼、蛇匏、迷翠寮石闻其名者少。

迷翠寮石素方章

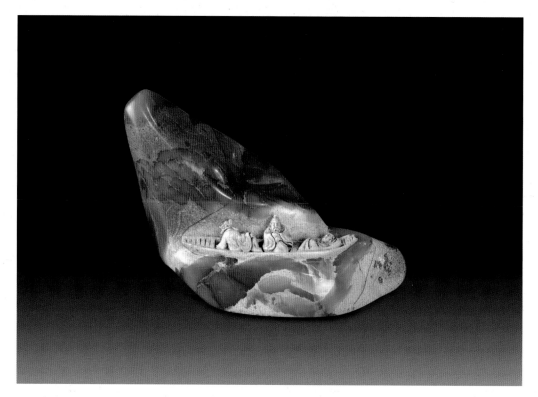

赤壁赋 · 叶子 作
花坑石

花坑石：

产于都成坑山南面下竹弄瀑布附近的方田仔山，与迥龙岗相对。山地多为土质结构，花坑石矿脉或零星或结团埋藏于土中，开采时外表粘有硬质砂土。花坑石的质地比较坚脆，白、红、紫、黑、灰、蓝、绿各色相间，主要特征是有绿色、黄色、蓝色和棕色的"玻璃地"结晶性条纹，十分晶莹美丽，惹人喜爱。不通透部分质都偏粗，运刀时，碎片四溢散落，质色俱佳的花坑石质地细嫩，纹理通灵艳丽，透明结晶状五色相映奇目，称为"花坑晶石""花坑冻石"。棕黄的"玻璃地"结晶性条纹的花坑石，称为"虎皮冻花坑石"，都十分稀罕难得。

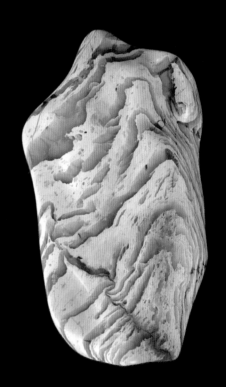

雪山访友·叶子 作
虎皮花坑石

方仔花坑原石

　　后期出产的方仔花坑石较早期出产的花坑石质地稍松，但结晶体多，以绿色结晶体的体积大为佳。黄色条纹状结晶体者，称作"虎皮花坑石"。

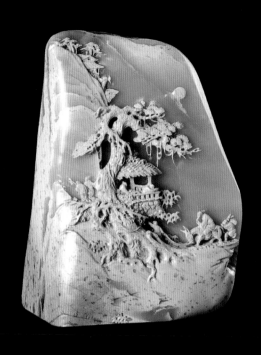

寒亭古道疏音 · 林大榕 作
花坑石

虎皮花坑原石

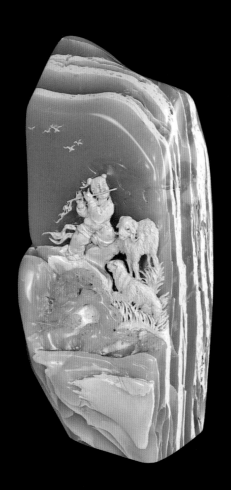

笛声悠悠·叶子 作
花坑石

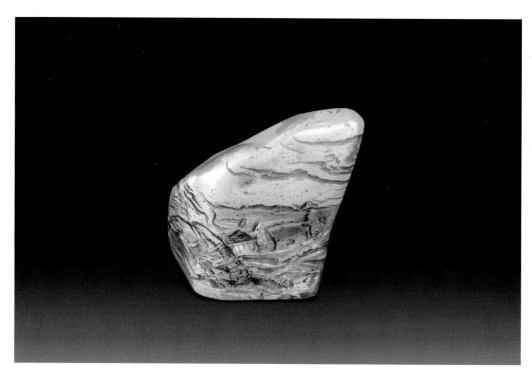

秋水悠悠·叶子 作
老花坑石

花坑水草
此石天然带有水草纹，颇为奇特。

花坑原石

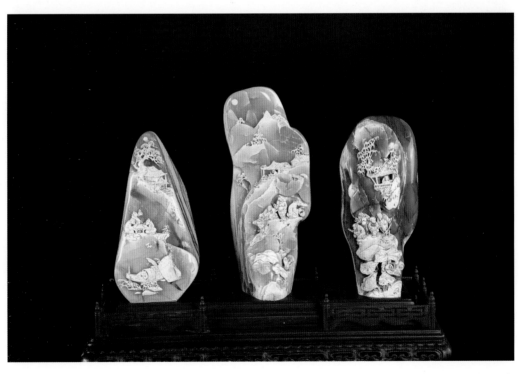

清江水韵· 林少虎 作
花坑石

龙龟 · 郑明 作
花坑石

　　花坑石是 30 多年前石农陈为泉兄弟首先发现的，现在出产量已很少，上品升值很快。

　　寿山其他地方也有出产一些与花坑石相似的石种，狮头岗铁头岭出产一种黑、白相杂的石材，无结晶性斑纹，锯开后断面的色块多有圆形或条形纹理，半透明，人们称之为"铁头岭花坑石"。近年在高山西北面芹石村的山谷中也出产一种鲎箕石，无玻璃地条纹，灰黑中有许多红色块和斑点，还常有小白点、红筋纹，人称"鲎箕花坑石"，应属于掘性高山石之一种，这种石还有人美其名为"大红袍石"。

房栊岩石：

又名饭桶岩石，出产于金狮公山的背面，由于山顶状似桶形而得名。相传很久很久以前，美丽的寿山曾经是黄帝的秘密行宫，平日间的日常事务由一对凤凰神鸟管理，凤凰鸟一有空闲，总会飞下山到寿山村做客，离别时总要在田里留下几颗沾有灵气的卵蛋。据说凡人吃了可以长生不老，永葆青春。不知过了多少岁月，一只妖怪"铁头金毛狮"垂涎凤凰的神功，一天，它趁凤凰外出的机会，闯进寿山，偷走了一大堆凤凰蛋，勇敢的寿山村民一面在头顶点起火把向天庭报警，一面拿起铁锤木棒、锄头扁担与狮魔展开搏斗。黄帝闻讯，急忙调兵遣将下凡参战，终于擒住这只狮魔。愤怒的村民砍下"铁头金毛狮"的头颅，埋在村前的小山岗下，又将它的四肢躯干分成两座山堆放，分别用栲栳、粪桶覆盖起来，就成了如今的栲栳山和房栊岩（粪桶的谐音）。

房栊岩石质坚而微脆，偶有小"蛀洞"，有红、黄、白、灰、棕等色或各色相间，肌理隐有白色或灰黄色的砂丁或砂块。20 世纪 40 年代曾出产一批质较胜者，较少砂杂，微透明，但坚而脆。近年又出产了少量红、黄、白等色泽美丽、通灵度很强的房栊岩石，与都成坑石相似。

房栊岩石素章

马 · 张伟 作
房枕岩石

独角兽 · 周宝庭 作
房栊岩石

房栊岩石原石

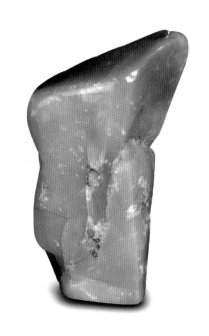

掘性房栊岩石：

2001 年 8 月，石农在房栊岩与柳坪山相近的山坳里涧水冲刷的坑坑洼洼中采掘出掘性房栊岩石，外裹稀黄皮或白皮，呈黄色或桐油色，有的肌理还隐现粗萝卜丝纹，质地比较通灵，由于在水中滚动少，原石形多有棱角，卵形者少见。

这种独石刚被发现时，质优者被石农充当"粗田黄"兜售，于是一下子引来许多人争相采掘。最盛时，一天竟有数十人之多，挤在山坳中采掘。这些独石是山上的房栊岩石滚入山坳而生成的，母体的石质较硬，缺少灵性，多有砂丁或砂块，而且纹理较粗，与田黄石相去甚远，不可相提并论。

金狮公石与房栊岩石作品磨光后宜加热并上蜡保养。

房栊岩石

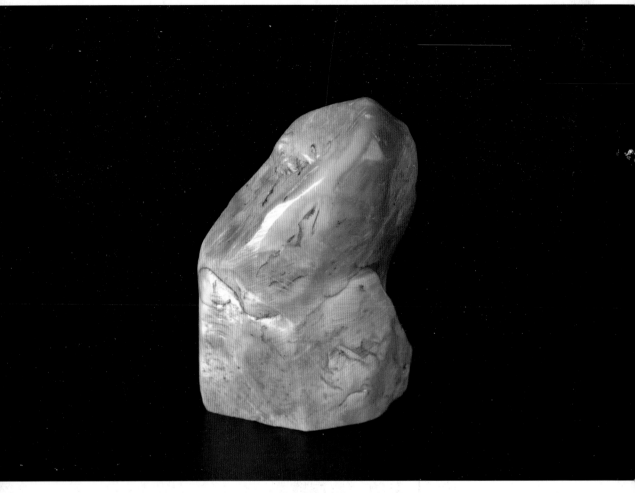

芦荫原石

芦荫石：

"芦荫石"一名"芦音石"，产于坑头东北面约 0.5 公里靠近鹿目格处的小溪涧芦苇之荫，因而得名。石成块状，零散埋藏于泥土中，属掘性石类，稀有难觅。石多赭黄色，尚有红、蓝、灰、白等几种色泽。因出产量少，世人所见者不多。质地微坚，微透明，佳者肌理亦具萝卜纹及红筋、石皮等特征，与硬田石或掘性都成坑石相近，所以俗称"芦荫田"。但芦荫石偏灰黄色且质地燥而带坚，不及田黄石之温润也。

上述诸品种石，质地皆坚实稳定，作品磨光后经上蜡处理，不干不燥，经年如新，不必上油保养。